魔毯奇遇记

探访地球上 **19** 处神秘之地

[英]帕特里克·梅金 文

陈狐狸 图

张木天 译

乐乐趣

未来出版社
·西安·

你有想要探索的地方吗？

世界远比你想象的更加神秘。

在如今这个信息爆炸的时代，世界似乎比以往任何时候都更加触手可及。但是，地球上的某些地方对普通人来说仍是禁区，无论我们付出多少努力，做出何种尝试，都注定无法抵达。其中，有些地方是人类自身不可能到达的；有些地方太过危险，不被允许参观；有些地方因为至今仍藏有许多惊人的未解之谜，所以禁止外人入内。此外，在我们居住的星球上，还有一些充满诱惑却难以到达的地方，它们的准确位置早已湮没在茫茫的历史长河中，无法考证……直到此时、此刻。

借助魔幻飞毯的神奇力量，你就能够抵达地球上最隐秘的角落，欣赏许多年来都未曾被人们领略过的奇观异景，探索那些神秘之地背后所隐藏的真相。

带上好奇心，一起出发吧！

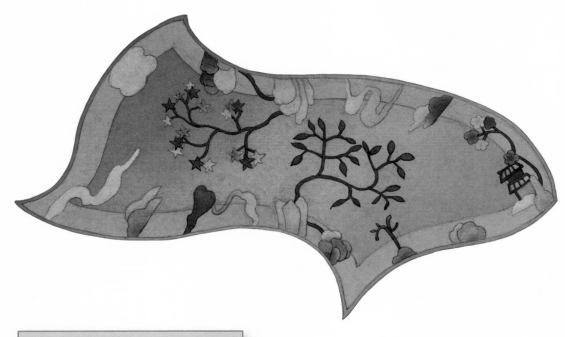

目录

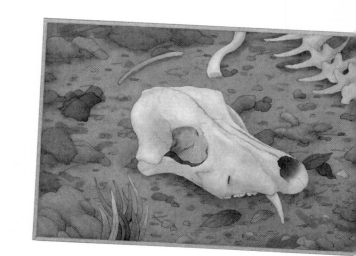

BOUVET ISLAND
布韦岛
- 南大西洋 -

地球上最偏僻遥远的地方之一

有许多原因导致布韦岛无法接待太多游客上岛参观。首先，这个无常住居民的火山岛位于冰冷严寒的南大西洋中心，岛上的绝大部分土地都被冻得结结实实的厚厚冰层所覆盖。其次，这座岛屿的四周不仅矗立着陡峭的悬崖，还被这个星球上最为凶险、常年冰冻、风暴多发的海域所环绕。2006年，一座建于岛上的科研站更是在地震中严重损毁。最后，布韦岛是地球上距离任何一个大陆都最为遥远的岛屿之一，这也是鲜有游客来访的最主要的原因。所以，要想来这里旅行一趟可真不是件容易的事情，即便你搭乘神奇的魔毯飞过来也是如此！

丰富多样的野生动物

　　布韦岛虽然不适宜人类居住，却是大量野生动物生存的家园。信天翁、雪海燕、海狗、帽带企鹅和马可罗尼企鹅都生活在这座寒冷的海岛上。1971年，布韦岛及其周围海域被挪威政府列为自然保护区。

首次发现

　　1739年，法国探险家让-巴蒂斯特·夏尔·布韦·德洛齐耶在一次寻找南极登陆点的远征航行中，首次发现了这座遥远的孤岛。不幸的是，由于此次航行强度极大，大多数的船员都在途中相继病倒，再加上补给匮乏，让-巴蒂斯特不得不在登陆布韦岛之前，就终止了这次远征航行。更糟糕的是，由于这座岛的地理位置极为偏远，因此他所记录下来的坐标并不精确。在此后的69年里，都没有人能再次找到布韦岛。

水生生物

　　那些能够来到布韦岛的游客如果足够幸运，将有机会看到逆戟（jǐ）鲸（也被称为虎鲸）和座头鲸在海岸附近游来游去。

人类与布韦岛的"亲密接触"

因为布韦岛的环境异常恶劣，根本不具备维持人类生存的基本条件，所以没有人能长期居住在这座海岛上。在人类为数不多的几次登岛考察的历史中，发生过一件神秘的事情：1964年，曾有一艘捕鲸船的救生艇被海浪冲到了布韦岛的海岸边，艇上仍留有各种补给品，却未显示有任何生命存在过的迹象……

与世隔绝的地理位置

布韦岛距离最近的陆地——南极洲有1600多千米，距离最近且有人类居住的陆地——特里斯坦-达库尼亚群岛则有约2250千米。而特里斯坦-达库尼亚群岛也是世界上最为偏僻遥远的岛屿之一。

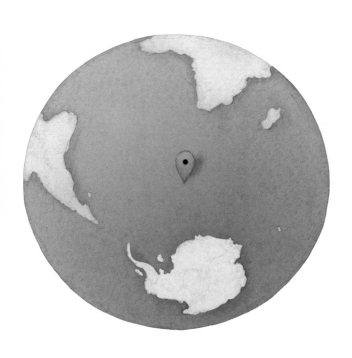

飘扬的挪威国旗

自1928年以来，布韦岛便一直是挪威的海外领地，而挪威本土与这座海岛之间则有着将近13 000千米的距离。

在挪威语中，这座岛屿的名字写作Bouvetøya，即布韦岛，用以纪念首次发现它的探险家——夏尔·布韦。

ARENAL VOLCANO

阿雷纳火山

- 哥斯达黎加，阿拉胡埃拉省 -

只可远观的热带雨林

位于哥斯达黎加的阿雷纳火山目前正处在休眠状态，可火山口附近区域仍然禁止游客靠近。尽管这里看起来仿佛是野生动物的天堂，但如果你从魔毯上探出身子，迅速朝下方的热带雨林瞥上一眼，就会发现锥形的火山口正源源不断地释放着高达200℃的灼热气体，而雨林中还蜿蜒着一道道坑洼不平的"小路"，它们都是被山上翻滚而下的、如房子般巨大的岩石碾压出来的。在这里，你一定要做好随时撤离的准备，因为即使阿雷纳火山处于休眠状态，也并不意味着不会发生意外状况。1968年，这座当时已经沉睡了400年的火山突然毫无征兆地喷发了，摧毁了火山附近的好几座村庄，造成了极其严重的损失。

地理位置

阿雷纳火山曾被认为是世界上最为活跃的十大火山之一——平均每天喷发多达41次。

它处在中美洲火山弧上，这是一条位于危地马拉和巴拿马北部之间的长长的火山带。

火山的状态分类

按照活动情况，可以将火山分为三个类别："活火山"（指尚在活跃期或周期性喷发的火山）、"休眠火山"（指曾经喷发过，但长期以来处于相对静止状态的火山）和"死火山"（指史前曾发生过喷发，但在人类历史时期内一直未喷发过的火山）。自2010年以来，阿雷纳火山一直被认定为"休眠火山"。

突如其来的大爆发

在20世纪之前，人们一直以为阿雷纳火山是一座死火山。可是，在1968年的某一天，这座火山突然毫无征兆地喷发了，一块又一块巨大的岩石从火山口陆续飞到了1000多米远的地方，附近约15平方千米的土地被覆盖在了厚厚的火山灰和岩浆之下。山脚下的几座村庄被悉数摧毁，遇难人数超过80人，牲畜和农作物的损失也极其惨重。

"年轻"火山和"年长"火山

阿雷纳火山被认为是一座"年轻"的休眠火山，因为它的形成时间还不到7 500年。相比之下，世界上最古老的活火山之一——位于意大利的埃特纳火山，已经是50多万岁的"高龄"火山了，而且它也是世界上喷发记录最多的活火山！

致命毒液

　　人们在阿雷纳火山山麓发现了很多不同种类的蛇，带剧毒的三色矛头蝮蛇就是其中一种，体形较大的雌蛇身长甚至可达2.5米。一旦被这种致命的毒蛇咬上一口，就会导致坏疽（jū），甚至出现更糟糕的情况……所以，当你乘坐魔毯飞越阿雷纳火山时，一定要记得把小脚丫藏好，千万不要露出来哟！

鸟儿眼里的阿雷纳火山

　　1991年，哥斯达黎加设立了阿雷纳火山国家公园，虽然这个公园以难以预料的"火爆脾气"而闻名，但这并不妨碍它成为大量野生动物赖以生存的家园。迄今为止，这里已经发现的鸟类超过500种，其中就有巨嘴鸟和蜂鸟。

MAUSOLEUM OF THE FIRST QIN EMPEROR

秦始皇陵

-中国，西安市-

由"军队"守卫的坟墓

想象一下有人正在挖一口水井，却一不小心发现了一群真人真马大小的兵马俑的奇妙画面吧！听起来好像很不可思议，但这就是1974年真实发生的事情。当时，几位挖地打井的农民正是通过这种意外的方式，揭开了中国历史上第一位皇帝嬴政（前259年—前210年）的陵寝——秦始皇陵的神秘面纱，这也是20世纪最重大的考古发现之一。陵寝由数千个真人大小的陶土士兵层层"守卫"，每一尊兵俑雕塑的面部表情都是独一无二的，它们根据不同等级摆放在对应的位置上。在整个陵园中部，秦始皇的陵寝深埋在一座76米高的巨大陵丘之下，2 000多年以来，还没有人真正踏入过……

第一个统一王朝

从公元前230年到公元前221年，秦国国君嬴政（即秦始皇）先后征服韩、赵、魏、楚、燕、齐六国，完成了统一中国的大业，成为中国历史上第一个使用"皇帝"称号的君主。

一整支"军队"

据考古学家推测，秦始皇下令建造兵马俑的目的，是希望这支庞大的陶土"军队"能够在他死后继续护卫他的安全。据估算，整支兵马俑"军队"包含了7 000~8 000件兵士俑、130余辆战车、500余匹驾车马以及116匹骑兵鞍马。

长生不老的灵丹妙药

人们认为在秦始皇陵的地宫中，可能有一幅还原了当时中国地貌的立体地图，上面流淌着用液态汞（即水银）模拟的河流和湖泊。秦始皇穷其一生都在苦苦寻找长生不老的方法，但即便是中国历史上第一位皇帝，最终也无法逃脱死亡的命运。

层层工序

制作兵马俑时，工匠们会先划分部件，比如将兵俑的头、手和陶马的头、尾、腿等分别造型，接着用湿泥把它们黏结套合在一起，稍微干燥后进行"二次敷泥雕塑"，即刻画细节、黏合小部件等，然后等陶俑整体成型，再进窑焙烧，出窑后进行最后一个步骤：彩绘。

活泼别致的百戏俑

秦始皇陵之中并不是只有兵俑这一种人俑。考古学家在陵寝周围的陪葬坑里，还挖掘出了一些造型精致、风格独特的人俑，它们一个个神态各异、鲜活灵动，仿佛正在进行表演。据推测，这些人俑应该是以杂技艺人、歌舞艺人等身份陪葬的"百戏俑"，其身上残留的彩绘痕迹，意味着它们在创作之初都曾被漆上鲜艳明亮的色彩。

挖掘和保护

考古学家之所以不敢贸然开挖秦始皇陵，主要是由于现有的文物开采和保存技术还不够成熟和完善。不过，本着崇敬先人、尊重祖先墓葬仪式的原则，文物保护部门或许也会选择不再挖掘秦始皇陵，让这位中国历史上第一位皇帝可以安眠于这片土地之下。

POVEGLIA
波维利亚岛
- 意大利，威尼斯市 -

全世界"最"可怕的小岛

　　"水城"威尼斯拥有众多美丽的运河和桥梁，是全世界公认的最浪漫的地方之一。但是，当你乘坐魔毯在威尼斯潟（xì）湖上空翱翔时，会在威尼斯辖区的波维利亚岛上，看到另一番令人毛骨悚然的可怖景象。18世纪末期，这座无人居住的袖珍小岛曾被用来隔离那些感染或疑似感染了鼠疫（即黑死病）的人，而这些人死后也会被就地焚烧和掩埋。到了20世纪，这座岛上的建筑被改建成了一所精神病院。1968年，岛上的精神病院关闭之后，波维利亚岛便从此荒废。如今，这座无人岛被称为意大利乃至全世界最可怕的地方之一。

有去无回的"隔离岛"

在威尼斯被鼠疫侵袭的几个世纪里，当地政府曾在波维利亚岛上设立了专门的检疫所，疫情严重时，这里就被用来隔离所有出现瘟疫症状的人，以防止疫情大范围扩散。

无论是谁，一旦被带到波维利亚岛上，离开这里的机会就会十分渺茫。据说，前前后后有10多万人丧命于这座小岛。

"疯狂的医生"

岛上的精神病院曾经由一个"疯狂的医生"经营管理，据说，他以"治疗精神错乱"的名义对患者进行了许多骇人的实验。不过，随着他意外从钟楼上坠亡，其对患者的"恐怖统治"便宣告结束。相传，这个"疯狂的医生"之所以会意外坠亡，是因为被岛上的幽灵"附身"了。还有人说，直到现在，他们仍能听到从钟楼里传出来的阵阵钟声，而事实上，大钟早在许多年前就被摘掉了！

从避难所到荒岛

早在公元421年，波维利亚岛就迎来了它的第一批居民，他们为了躲避邻族的野蛮入侵，从大陆一路逃难来到这里，将小岛当作了避难所。然而，1379年，波维利亚岛遭受到战争的侵袭，这里的居民被迫转移到了位于威尼斯潟湖上的另一座岛屿——朱代卡岛上，波维利亚岛就此被废弃，成了一座无人居住的荒岛。

回归大自然

那所废弃的精神病院至今仍坐落在波维利亚岛上。如今，各种各样的植物密密麻麻地覆盖着破旧的建筑，有的盘根错节，攀缘依附在摇摇欲坠的墙体之上；有的则顺势穿过破碎开裂的门窗，慢慢地钻进那些传说中可怕的病房内，依旧茁壮生长。

未来构想

近年来，意大利政府一直在试图出售这座岛屿，希望有人能将它改建成度假村。不过，尽管威尼斯是世界上最受游客喜爱的旅游地之一，但处于威尼斯辖区之内的波维利亚岛却始终难改无人问津的命运……

出售中

近距离接触

由于波维利亚岛禁止游客私自探访，所以这里是整个威尼斯潟湖中唯一一个没有公共交通服务的地方。不过，如果你足够勇敢，可以预订一个乘船环游小岛的项目——这是你能与这座神秘的无人荒岛近距离接触的唯一方式了。

THE LASCAUX CAVE

拉斯科岩洞

- 法国，蒙提涅克村 -

时光静止的地方

　　1940年，4名法国少年无意中发现了拉斯科岩洞，洞内令人叹为观止的史前壁画艺术震惊了全世界。岩洞深处刻画着上百幅色彩艳丽、线条优美、简约粗犷的壁画，包括上千个栩栩如生的动物和人类形象，以及抽象的几何图案。考古学家认为它们是由旧石器时代的人类所创造的，距今已有1.5万到2万年的"高龄"了。由于这些壁画十分珍贵，且异常脆弱，因此自1963年以来，岩洞就被封锁起来，严禁游客进入。当你乘坐魔毯在岩洞里穿梭时，一定要多加小心。借助微弱的灯光，你将看到各种以动物为主体的壁画，其中包括早在1627年就灭绝了的牛科动物——原牛。

人类与野兽

岩洞中有一幅绘有人类形象的壁画，表现的是一个人和一头野牛搏斗的血腥场景。在这场较量中，人类似乎被野牛撞得不轻，而野牛的身体也被人类用长矛深深地刺伤了，最终以两败俱伤的局面收场。不过，岩洞中多数壁画的主要形象还是红鹿、马、野山羊、狮子、熊和原牛等动物。

没完没了的霉菌

1948年，拉斯科岩洞开始向公众开放。大批游客的涌入导致岩洞里滋生了大量霉菌，破坏了岩洞内的壁画，与此同时，洞壁岩面析出的细小晶体，也使得上万年来保存完好的壁画逐渐脱落。1963年，法国政府不得不下令关闭岩洞。尽管人们在保护这些珍贵而辉煌的史前艺术时已竭尽所能，可霉菌仍然扩散到了岩洞深处。2009年，来自世界各地的300名专家聚在一起开会研讨，试图寻找到保护岩洞及壁画的新方法。时至今日，他们依然在为实现这一目标而不懈努力。

意想不到的发现

1940年的一天，一位名叫马塞尔·拉维达的少年带着他的宠物狗在拉斯科山坡上玩耍，小狗在追逐野兔的过程中，不慎掉进了一个狭窄的洞穴里。为了搭救小狗，马塞尔和他的三位朋友开辟出一条通往洞口的小路，就这样无意间发现了一座巨大的史前艺术殿堂。1979年，拉斯科岩洞壁画被列入联合国教科文组织《世界遗产名录》。

去这里看看也不错

那些无法乘坐魔毯一探岩洞究竟的人，可以选择参观"拉斯科岩洞2号"——一个完美还原了拉斯科岩洞原貌的人造洞窟。这个复制的岩洞于1983年对外开放，与原始岩洞仅有200米的距离。

古老的韦泽尔峡谷

在拉斯科岩洞附近，有一个名为蒙提涅克的古村镇，这座小村子位于韦泽尔河岸边。人们在古老的韦泽尔峡谷中又陆续发现了另外24个拥有壁画和其他艺术文物的洞穴。不过，在考古价值和艺术成就上，这些洞穴没有一个能与拉斯科岩洞比肩。

史前人类的绘画技术

生活在2万年前的艺术家对绘画技术的运用，已达到了相当高的水平。他们熟练地选用不同材料来实现颜色和层次上的变化，比如将赤铁矿研磨成红色颜料，用木炭绘制黑色部分……在绘画过程中，他们不仅会用手指或动物鬃毛制成的刷子来涂抹颜料，还会通过动物的骨管或管状植物将颜料吹喷到岩壁上，完成线条勾勒和上色的工作。经过考证，科学家认为这些史前艺术家在创作壁画时，是靠燃烧动物油脂来照明的。

AREA 51

51区

- 美国，内华达州 -

神秘的军事基地

　　根据美国政府的官方解释，51区是一个位于内华达州的军事基地，是美国空军秘密进行新型空军飞行器和绝密战斗机开发与测试的地方。但这个说法是真的吗？当你坐在魔毯上，静静地翱翔于沙漠夜空的时候，看看能否发现一些可疑的东西，来支持一位自称鲍勃·拉扎尔的人在1989年发表的言论：美国政府在这里扣留了外星人的飞船。这个人还声称自己曾看过一份简报文件，里面有一张外星人的照片。从那时起，有关外星人访问地球及其他奇异现象的故事和传闻便层出不穷。当然，这些言论都被美国政府全盘否认了……但是，51区从未对公众开放，且24小时都处在高度森严的戒备之中，我们又怎能不对这一切产生怀疑呢？

警告

禁地

此区域
禁止拍摄

禁区

禁止越过此处

军事设施

未经允许，禁止入

警告！

止翻越
军事设施

不明飞行物再次出现

1947年，一架不明飞行物（简称UFO）坠毁在美国新墨西哥州罗斯威尔市的一座农场里。不过，美国军方很快就单方面声称，所谓的"不明飞行物"只是一个气象热气球而已。

军事机密

根据美国政府的官方说法，这个地区于1955年被选为洛克希德U-2侦察机的试飞地点，这是一种为高空军事侦察专门设计的新型飞行器。直到2013年，美国中央情报局的官员才最终承认了"51区"的存在。为什么要如此神神秘秘的呢？

震惊世界的"阴谋大揭秘"

鲍勃·拉扎尔的真名叫罗伯特·拉扎尔，他在一档访谈节目中对51区的一系列"大揭秘"，将这个机密区域真正置于聚光灯下，成为全世界关注的焦点。拉扎尔声称自己曾在51区附近一个被称作"S-4"的神秘地点上班，工作内容是研究太空飞碟推进系统的逆向工程。但后来美国官方辟谣说拉扎尔是一个骗子，他的全部教育背景和在51区附近工作的言论都是彻头彻尾的谎言。而拉扎尔则坚持声称，美国政府删除了他所有的档案记录，诋毁他的名誉，以驳斥他所披露的一切。

神秘的目击事件

许多人都声称在51区上空看到过不明飞行物，但是这些不明飞行物会不会只是美国军方研制出来的先进飞机呢？洛克希德U-2侦察机所能爬升的高度比当时的商用飞机高出几千米，因此，或许很多人误以为那就是传说中神秘的不明飞行物。

超级喷气式侦察机

51区位于内华达试验和训练靶场内。这里曾经秘密测试过一些美国军方研制的新型空军飞行器，其中就包括著名的SR-71"黑鸟"侦察机，它的最高飞行时速超过3 500千米。美国军方也会在这里对秘密获取或俘获后修复正常的外国战斗机进行一系列试飞、性能测试和数据评估，以便更好地了解和掌握他国运用的技术。

天堂牧场

51区的工作人员会从拉斯维加斯麦卡伦国际机场的一个特别航站楼进出，而他们所乘坐的飞机航班也是无标志的。51区有时会被称作"天堂牧场"——对于即将去那里工作的人们来说，这个名字听起来或许更有吸引力一些吧。

天堂牧场

THE QUEEN'S BEDROOM

女王的卧室

—英国，伦敦—

皇家宅邸

　　白金汉宫是伊丽莎白二世女王陛下的宅邸，位于伦敦威斯敏斯特城内，每年都有来自世界各地的游客来此参观。不过，在这座辉煌宏大的宫殿中，有一个房间是严格禁止外人进入的，那就是女王的卧室。事实上，除了工作人员和女王的家人以外，没有任何人知道这间卧室的具体位置，人们也找不到任何关于女王卧室的官方照片或文字描述。但可以肯定的是，白金汉宫一直是由英国皇家卫队和伦敦警察共同守卫的，而且每晚都会有全副武装却穿着拖鞋（以免吵醒女王陛下）的警卫守在女王的卧室外面，保卫着她的安全。当你搭乘魔毯抵达这里的时候，脚步一定要轻轻的，否则很可能会吵醒女王陛下心爱的柯基犬！

充裕的空房间

白金汉宫共有775间厅室，包括19间国事厅、52间王室成员卧室和客房、188间工作人员卧室、92间办公室和78间盥洗室等。不仅如此，宫殿外的皇家花园占地面积约16.2万平方米，是整个伦敦最大的一座私人花园。

一位不速之客

迈克尔·费根或许是唯一能为我们描述女王卧室真实情况的人。1982年的一天，在越过白金汉宫的围墙、爬上排水管之后，费根只身闯入了女王的卧室。根据费根本人的说法，他有过两次成功潜入白金汉宫的经历。

人民的宫殿

每年，白金汉宫都会接待超过5万名客人，他们有幸作为国宴、王室午餐、王室晚餐、花园招待会和聚会的受邀嘉宾，来到这座富丽堂皇的宫殿中做客。由此看来，这座王室宫殿为何需要800多名工作人员，也就不难解释了！

维多利亚女王

1837年，维多利亚女王成为英国历史上第一位以白金汉宫作为宅邸的君主。1851年，这位女王在王宫的阳台上露面致意，也为后来所有的王室成员开辟了一个新的传统。

富贵奢华的生活

白金汉宫中还有专门的小教堂、邮局、室内游泳池、工作人员自助餐厅、医生诊室和电影院。不过，最值得一提的当数华贵气派的建筑杰作——王室舞厅，它长36.6米，宽18米，是整座宫殿中最大的厅室。

《好心眼儿巨人》

在罗尔德·达尔的《好心眼儿巨人》一书中，小女孩儿索菲曾经有幸拜访英国女王，并且将她的卧室描述成一个既恢宏大气又温馨可爱的房间——地上铺着毛茸茸的厚毯子，房间里还有大床、梳妆台和镀金的椅子。尽管索菲也是悄悄进入卧室里的，但她却能幸运地得到女王的正式邀请，住进了白金汉宫……这跟迈克尔·费根的待遇可是大不一样呢！

SNAKE ISLAND

巴西蛇岛

— 巴西，圣保罗 —

由蛇统治称霸的土地

　　这个世界上，有些地方是你无法踏足的，有些地方却是你完全不想靠近的——而巴西蛇岛（又名"大凯马达岛"）把这两点都占全了！它位于巴西圣保罗州南部海岸约35千米外，面积约为0.43平方千米，几乎每一寸土地都被极度致命的毒蛇占据着，这也就解释了为什么这座小岛会对所有游客关闭。据了解，超过4 000条毒蛇栖息在蛇岛上，它们或穿行在草地和灌木丛中，或缠绕在树枝上……而且，这些蛇可不是普通的蛇，而是金矛头蝮蛇——世界上毒性最强的毒蛇之一。当你飞行在这座小岛的上空时，一定要多加小心，可千万不要从魔毯上掉下去呀……

以智取胜的猎手

　　由于巴西蛇岛上几乎没有小型哺乳动物，因此金矛头蝮蛇主要以莺鹪鹩（jiāo liáo）和霸鹟（wēng）两种鸟类为食。通常，它们会隐匿在树丛中，静静地等待猎物出现，一旦锁定目标，就会迅速出击，将毒液注入猎物的身体里。金矛头蝮蛇的毒液毒性极强且发作迅速，会令猎物完全无机可逃。

吓"哐哐哐哐哐"人的数据

　　如果把整座岛划分成一个一个的足球场，那么每个球场上会有60多条毒蛇，平均每个场上球员会分到两条以上的毒蛇！这意味着"巴西蛇岛"的确是全世界毒蛇密度最大的地方。

能够溶化皮肉的毒液

　　金矛头蝮蛇的毒液威力十分强大，猎物一旦被它成功袭击，伤口处便会严重溃烂，伤口附近的皮肉也会迅速溶化。

悲惨的结局

人们一直相信住在巴西蛇岛上的最后几个人——一位灯塔守护者和他的家属们——都是被金矛头蝮蛇咬伤后中毒身亡的。传说，他们是在试图逃离这座恐怖的小岛时被蛇咬死的，也有人认为毒蛇通过灯塔上一扇敞开的窗户偷偷潜入了他们的房间……不管真相如何，这座小岛已经100多年无人居住了。

物竞天择，适者生存

很久很久以前，由于海平面上升，巴西蛇岛逐渐与巴西大陆分离开来，金矛头蝮蛇也因此被滞留在了这座与世隔绝的小岛之上。它们每天只能靠捕食从四处飞来的鸟类为生，但这些本就难得的猎物在感知到危险时，总是一眨眼就飞走了。于是，为了生存下去，金矛头蝮蛇便进化出了一种能够迅速起效的毒液，其毒性也远远超过了南美洲大陆上的任何一种毒蛇的。

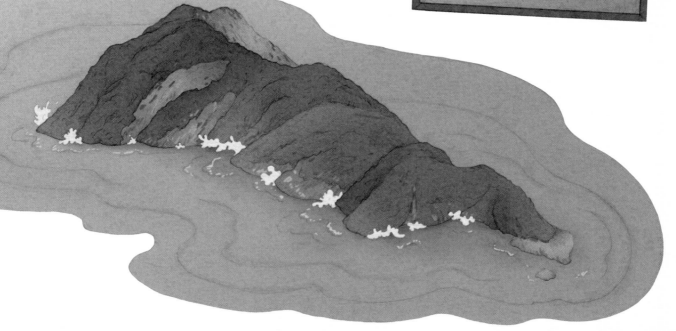

VATICAN 'SECRET' ARCHIVES

梵蒂冈秘密档案室

- 梵蒂冈城国，梵蒂冈城 -

教皇的私人收藏

在梵蒂冈图书馆旁边，有一个被严密保护、充满了神秘色彩的地方——梵蒂冈秘密档案室。档案室里存放着跨越了近12个世纪的文献资料，经整理分类后被放置在长达85千米的书架上。只有拥有正当理由的学者和研究人员才有资格进入档案室，但他们也只能浏览那些存放时间超过75年的历史文件。由于这间档案室一直以来都笼罩着一层神秘面纱，因此围绕着书架上秘不可宣的文件，好奇的人们就有了不少大胆猜测。有人说，文件里可能有各种神秘装置的设计图稿；也有人声称，某些文件预示了世界末日的准确日期……无论如何，当你查阅书架上的"秘密文件"时，一定要保持警惕，如果你被逮个正着，最好赶快想出一个合理的解释才行！

查阅
外星人
相关文件
请往这边走
→

匪夷所思的猜测

关于梵蒂冈秘密档案室馆藏内容的猜测不胜枚举，其中最广为流传、最奇异的是：在那里可以找到证明外星生命存在的文件，甚至档案室那堡垒般厚厚的墙壁里，可能就生活着真正的外星人！

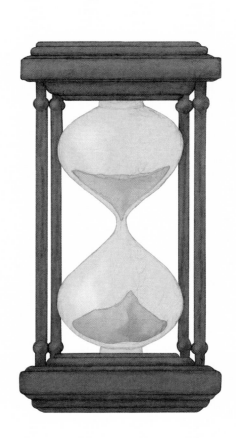

天机不可泄露

据传说，意大利牧师兼物理学家佩莱格里诺·马里亚·埃尔内蒂曾创造出一种神奇的装置——"时光机"克罗诺维索尔。许多人都相信，这个装置就被藏在档案室中。相传，克罗诺维索尔既能显示过去任意时间和地点发生的事件，也能预知未来即将发生的事。而埃尔内蒂创造"时光机"的初衷是为了记录耶稣受难的过程。

法蒂玛的三个秘密

档案室中保存的另一份重要文件与著名的"法蒂玛的三个秘密"系列预言中的第三个秘密有关。相传，这三个充满传奇色彩的预言是圣母玛利亚显灵之后，亲口告知三位葡萄牙牧童的。第一个秘密是关于地狱的场景。第二个秘密则明确表示在第一次世界大战结束后，只会有短暂的和平时期，第二次世界大战将随之而来。2000年6月，梵蒂冈教廷曾经向全世界公布过"第三个秘密"，结果却让一些本以为能听到惊世骇俗的消息的人大失所望，他们认为这个预言的内容是假的，而梵蒂冈官方则否认了这一传言。

信息量巨大的私人信件

除了所谓的外星人传闻和令人生畏的预言之外，档案室内还珍藏着大量真实而有趣的记录和信件，其中包括一幅长达60米的卷轴，上面详细记述了对圣殿骑士团的审判过程；一封苏格兰女王玛丽在被处决前的几个月写给罗马教皇西克斯图斯五世的信件……另外，档案室中还藏有一封言辞激烈的申请信，信中，英国国王亨利八世请求教皇克莱门特七世解除自己与阿拉贡的凯瑟琳的婚姻，以便他能顺利迎娶一位名叫安妮·博林的侍女成为新的王后。

坚不可摧的地下储藏室

梵蒂冈秘密档案室中设有4间阅览室，方便那些能够踏入这里的幸运儿查阅文件。此外，这里还建造了一个可以防火且牢固的地下储藏室，用来保护那些最有价值或易损毁的文献资料。

名称变更

事实上，这间档案室的原名为"梵蒂冈使徒档案室"，教皇方济各曾经于2019年10月发表了一封公开信，恢复了该档案室的原名。然而，它更为广泛流传的名字其实是梵蒂冈秘密档案室，其中，"秘密"一词的英文"secret"源于拉丁语"secretum"，原意是"与公开的东西分开"，可引申为"私人的、不公开的"。想想看，如果这里一开始就被称作"梵蒂冈私人档案室"，也许人们的脑海里只会浮现出一沓又一沓无聊的文件，而不会对它产生半点儿好奇了吧。

"圣城"梵蒂冈

这间神秘的档案室位于全世界国土面积最小、人口最少的国家——梵蒂冈城国，但这样一个小国却有着不可估量的文化和宗教影响力。在这里，你能见到一些世界上最重要的宗教艺术品和宗教圣殿，比如著名的圣彼得大教堂。

TOMB OF GENGHIS KHAN

成吉思汗之墓
- 地点不明 -

传奇领袖的安息之地

　　成吉思汗是人类有史以来最著名、最强大、最杰出的统治者之一，你可能会认为人们在1227年为这位传奇领袖举办的丧葬仪式也一定备受瞩目。可事实上，根本没有人知道他到底被埋葬在哪里，也没有人了解他的丧葬仪式究竟是如何进行的。传说，成吉思汗的陵墓隆起的地方后来被马踏平，长出了丰茂的牧草，与周围环境彻底融为一体，从而隐藏了墓穴的真实位置。当你乘着魔毯经过草原上空时，俯下身来，找找看能否发现一些关于这座墓穴位置的蛛丝马迹吧。

早年经历

我们对成吉思汗早年的经历了解得不多，因为没有任何与此相关的文字记录，甚至连一张可靠的人物肖像都没有。但可以肯定的是，他于1162年出生于漠北斡（wò）难河（今鄂嫩河）上游地区（今蒙古国肯特省）。他的父亲是蒙古乞颜部首领也速该，而他刚出生时的名字是孛儿只斤·铁木真。12世纪末13世纪初，铁木真先后统一蒙古各部落，并于1206年被推举为大汗，称成吉思汗（在蒙古语中是"海洋"或"强大"的意思），建立蒙古汗国。

悲惨的童年

成吉思汗的童年其实异常艰难，他9岁时，父亲就被敌对部落的人设计毒死。后来，年幼的铁木真和他的家人被他父亲的追随者抛弃，被迫开始了颠沛流离的生活。其间，他曾被敌人绑架，成为奴隶。设法逃出敌人的牢笼后，他开始集结一批追随自己的忠实军队，将自己武装成一个凶狠勇猛的斗士，领袖气质也日益凸显。

一个伟大帝国的建立

成吉思汗曾经征服了大半个亚洲，也因此扬名全世界。据统计，他在世时统治的地域囊括了太平洋和里海之间的很大一部分疆土，而他建立的蒙古汗国最终成为人类历史上版图最大的国家之一，盛极一时。

完善制度

　　成吉思汗建国后，便开始推行军政合一的"千户制"，即将全部牧民用军事方式编制组织起来，平时生产，战时出征；同时建立护卫军，并不断扩充兵力；再加上创制蒙古文字等文化方面的举措，使他统治之下的蒙古汗国不断发展壮大。

蒙古战马

　　在成吉思汗的时代，蒙古人以善于骑射而闻名，他们过着游牧生活，经常从一个地方迁移到另一个地方，居无定所。因此，他们不需要考虑耕田种地的事，而是尽量多地驯养马匹。毫无疑问，成吉思汗的军队拥有当时世界上最骁勇善战的骑兵团，这也是他们作战过程中所向披靡的重要优势。

神秘死亡成为不解之谜

　　成吉思汗在率军进攻西夏的途中去世，一些报道声称他死于伤口感染发炎，一些人认为他是不慎跌下马背摔死的，还有一些人推断他死于一场谋杀……然而真相究竟如何，至今也无人能给出一个确切答案。

MARIANA TRENCH

马里亚纳海沟

- 西太平洋 -

已知的地球最深处

有不少冒险家曾经成功登顶地球上最高的地方，却只有极少数人能抵达地球上已知的最深处——马里亚纳海沟的最底部。当你坐着魔毯潜入水中，向着马里亚纳海沟深处前行时，一定要做好身体和心理上的双重准备。马里亚纳海沟最深的地方距离海平面约11 034米——比世界最高峰珠穆朗玛峰的海拔还要多2 000多米！置身海洋最深处时，人体承受的水压是地球标准大气压的1 000倍以上。当然，想完成这场不可思议的深海探险，需要借助最先进的潜水器。

重压之下

　　马里亚纳海沟的最深处被命名为"挑战者深渊"，位于海平面以下约11千米的地方，这也是只有极少数人才敢潜到如此神秘又深邃的海底的主要原因。在为数不多的几位勇士当中，一位名叫詹姆斯·卡梅隆的好莱坞导演兼深海探险爱好者，曾搭乘一艘名为"深海挑战者号"的单人深海潜水器，独自一人完成了下潜和探索海沟的旅程，成为探索马里亚纳海沟的传奇人物。该潜水器的球壳钢板的厚度有6.4厘米，足以承受深海中四处袭来的巨大压力！

挑战者
深渊

早期的深海探索

　　人类对马里亚纳海沟的第一次探索要追溯到1960年，美国海军军官唐·沃尔什和瑞士发明家兼海洋学家雅克·皮卡德一起登上了一艘名为"的里雅斯特号"的深海潜水器，成功下潜到马里亚纳海沟深处，创造了当时人类深海潜水的世界纪录。

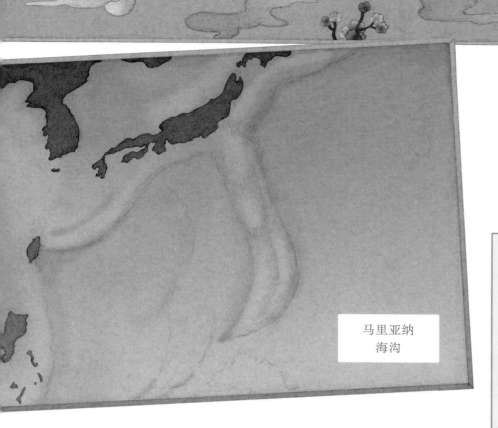

马里亚纳
海沟

海沟的测量数据

马里亚纳海沟全长约2550千米，平均宽约70千米，呈月牙般的拱形。

深海"墓地"

巨大的水压、完全黑暗的环境和近于冰点的温度（1℃~4℃）导致鱼类无法在海沟最深处存活。由于腐烂的植物和各种动物的尸骨不断沉积于此，马里亚纳海沟的海床呈现出一种衰败的黄色，远远望去就像一座深海里的坟墓。

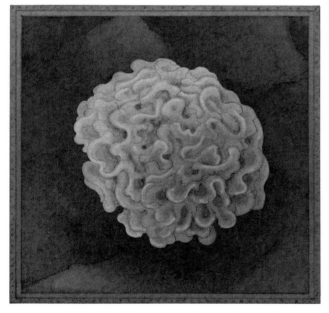

海底最深处的生命

虽然普通鱼类无法在马里亚纳海沟这样恶劣的环境中生存，但依然有一些海洋生物顽强地生活在如此深邃的海底。深海探索者们曾在海沟深处发现了一些甲壳类动物、身长超过10厘米的巨型变形虫和半透明的海蜗牛的踪影！

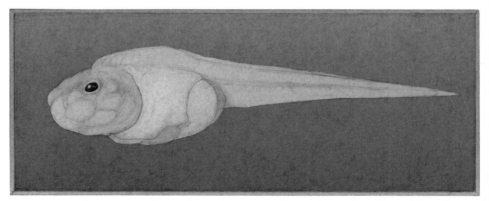

AIR FORCE ONE

空军一号

- 在天空中飞行 -

美国总统专机

身为美国总统，自然可以享受一些特殊的待遇，比如搭乘总统专机"空军一号"。严格来说，"空军一号"的名字其实只是一个无线电呼叫代号，或者说是一个象征性的称号，它可以指代美国现任总统乘坐的任何一架飞机。通常由两架特殊的波音747-200B民航机（尾号分别为28000和29000）执行任务，这两架飞机都配备了十分安全的无线电通信系统和机载电子设备，是可以抵御袭击的移动指挥中心。而且，"空军一号"在必要时还能进行空中加油，有着无与伦比的续航能力。总而言之，"空军一号"几乎可以和你乘坐的魔毯相媲美呢！

风驰电掣的飞行速度

目前，两架现役的"空军一号"蓝白相间的机身配色有着极高的辨识度，它们的飞行时速非常之高，甚至接近于声速！

空军二号

如果是美国副总统乘坐总统专机，那它将更名为"空军二号"。

长途飞行

在"空军一号"起飞之前，有几架运输机会先行起飞，机上往往装载着出行过程中所需的物资，以便在飞往遥远目的地的长途旅行中满足总统的一切需求。

完善的豪华配置

　　"空军一号"不仅为美国总统提供了豪华的"总统套房"和工作室，还特别为那些陪同总统出行的人额外提供了办公、休息和娱乐的空间。此外，"空军一号"上还有一间大型餐厅，以及两个具备现代化功能的"空中厨房"，可以满足100人同时就餐的需求。

"空中白宫"

　　在这架堪称全世界最为先进的领导人专机上，美国总统可以在任何时间、任何地点与白宫保持最紧密的联络，即使身在万里高空也能自如地进行日常办公。飞机上不仅配备了众多高精尖的机载技术设备，包括能对信息进行加密或做扰频处理的安全通信设备、无线上网设备、多重脉冲频率无线电通信设备以及85部电话，还设置了专用会议室。

"空中医生"

　　每次都会有一名医生登上"空军一号"全程随行。飞机内设有现代化的医疗中心，配有一张可折叠的手术台、两张卧铺、一间药品齐备的药房，以及完善的急救设备。这样，如果飞机上有人生病，便可以获得迅速有效的救治。如果总统需要出国访问旅行，会有一个强大的医疗团队提前飞至目的地，并在那里等待总统专机抵达。无论发生什么样的紧急状况，他们都可以在飞机落地后，及时展开救治行动。

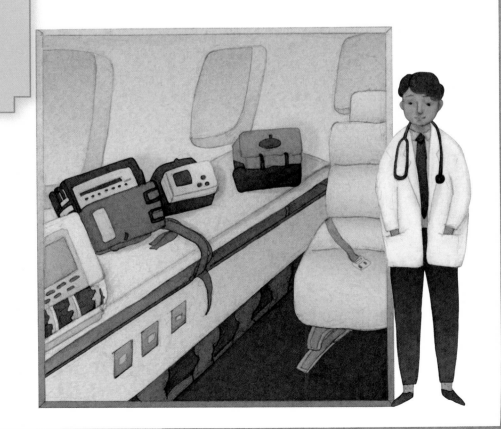

HASHIMA ISLAND

端岛

- 日本，长崎市 -

一座被遗弃的小岛

　　已经被遗弃多年的端岛（又名"军舰岛"）位于距离日本长崎县长崎市约15千米的海域上。作为丰富的海底煤矿的开采地，这里曾是20世纪地球上人口最为稠密的地区之一。第二次世界大战期间，由于煤炭的需求量急剧上升，许多人被强制派遣到端岛上挖煤，最终因极端恶劣的工作环境和生活条件而命丧于此。如今，当你乘坐魔毯飞过这座小岛上空时，很难再发现人类的踪迹了。

黑色的"金子"

　　端岛因为其海底蕴藏大量的优质煤炭，1890年被日本三菱公司买下，经过多次填海扩建，发展为当时日本著名的煤炭工业基地。此后，在近一个世纪的时间里，岛上到处都生活着煤矿工人和他们的家属，高峰期时的人口数达到了5 259人之多。1974年，煤矿正式关闭，岛上所有居民撤离，端岛自此沦为了一座荒岛。

端岛现状

　　随着时间的推移，小岛上自然生长的植被逐渐"吞噬"了周围破败不堪、荒凉阴森的废弃楼房。2009年，当地政府将端岛开发为观光地，但由于岛上大部分建筑随时可能坍塌，因此只开放了一小部分区域供游客参观，其他地方仍然严禁入内。

军舰岛

由于这座岛屿的外观轮廓形似一艘战舰，因此端岛也被称作"军舰岛"。

电影取景地

由于海水不断侵蚀，岛上原本就摇摇欲坠的建筑物的外墙面逐渐脱落，使得它们看上去更加阴森恐怖。哪怕只是从海上远眺，岛上的荒芜也照样一览无遗，令人触目惊心……正因拥有如此独特的外观，端岛曾被"007"系列电影选中，成为《007：大破天幕杀机》中的一处外景地。

CATACOMBS OF PARIS

巴黎地下墓穴

-法国，巴黎-

人骨迷宫

据说，许多人曾经前往巴黎地下墓穴的羊肠小道中探险，但都不可避免地在这座由人骨堆砌的迷宫中迷失了方向，再也没能活着走出来……这座墓穴深藏在法国首都巴黎的街道下方，堆放着大约600万具人类尸骨，幽暗阴森、错综复杂的隧道使这里看起来仿佛一座庞大的地下迷宫。18世纪末，为了解决墓地不足和公共卫生危机等问题，当时的警察局长决定将埋在市区周围公墓中的遗骨全部转移至此，安置在一个个被称为"藏骨堂"的地下墓室中。这一条条看起来令人毛骨悚然的地下隧道总长度达300多千米，但只有很短的一段（1~2千米）可供游客入内参观，其余部分则不会向公众开放，因为这些隧道根本无法在地图上准确标记出来，冒险进入的人很容易迷失方向……

建造地下隧道的初衷

最初，这些隧道是为了挖掘地下的大石块而修建的采石场通道。18世纪中后期，这里由于地面大面积塌陷而被弃用。

人骨陈列的装饰艺术

在墓穴的主藏骨堂内，绝大多数人骨都被藏在了一堵墙的后面，这是一堵由胫骨和头盖骨交替码放出来的骨头墙，负责这项工程的教士们还将骨头排列成圆圈、心形和十字架等不同的形状。不过，最著名的要数墓室当中那个由整齐绕排着的头盖骨和胫骨堆叠而成的陈列装饰。

尸满为患的城市

1786年，人类的骸骨首次被转移到地下隧道，这些遗骸主要来自当时巴黎最大的公墓——圣婴公墓。那时，巴黎正在蓬勃发展，然而突然暴发的瘟疫导致当地居民大量死亡，一时间，埋葬死者的地面公墓严重不足。为了防止堆积成山的尸骨引发疾病大面积传播，当时的警方便决定将这些人类尸骸转移到地下隧道之中。

名字的由来

"地下墓穴"的英文名字是Catacomb，这个单词最早是因为在古罗马城下发现了六十几个古老的地下墓地而被创造出来的。

失踪事件频发

1809年，这座地下墓穴正式向公众开放，许多热爱探险的人都兴致勃勃，想来这里一探究竟，然而失踪事件却频频发生。2017年，两名少年闯进了对游客关闭的禁区，在失踪了整整3天后，才被搜救队找到。随后两人被紧急送往医院，经过治疗后才得以脱险。

秘密的社团活动

几个世纪以来，在这座地下墓穴里举办过许多稀奇古怪的秘密活动。2004年，警方无意中发现了一处写有"建筑工地 禁止入内"标语的地方，并触发了录有狗叫声的声音装置。随后，他们在此处发现了一个面积约400平方米的巨大洞穴，里面居然是一个规模不小的电影院，甚至还有凿出的阶梯式座位，看起来有模有样。

SIX FLAGS

六旗游乐园

- 美国，路易斯安那州 -

飓风过境，伤痕累累

众所周知，大多数游乐园最大的问题是排队时间实在是太长了。然而，位于美国路易斯安那州新奥尔良市的六旗游乐园既没有排长队的人群，也没有伴随着尖叫声呼啸而过的过山车……2005年8月，"卡特里娜"飓风过境路易斯安那州，重创新奥尔良市，六旗游乐园淹没在两米多深的水中长达一个月，被迫关闭至今，只有新奥尔良警察局会定期安排巡逻。现在，这个占地总面积约57万平方米的游乐园杂草丛生，园内的海盗船、过山车、摩天轮和碰碰车也早已锈迹斑斑。来到这里，你能听到的只剩下一阵阵"知了知了"的蝉鸣声，以及魔毯从游乐园上空呼啸而过的"嗖嗖"声……

亮相大银幕

　　如果你觉得这座废弃的游乐园很适合当外景地，用来拍摄恐怖片或魔幻电影，那你可真是太聪明了，好莱坞电影《侏罗纪世界》和《波西·杰克逊与魔兽之海》就曾来这里取景拍摄。但是，只有那些得到官方特别许可的人才有机会进入园中，其他人都是严禁进入的。

未来计划

　　自从游乐园对外关闭以来，许多人都曾为如何处理这个荒废空间出谋献策，比如把这里改建成一个大型购物中心，或作为一个全新的主题公园再次开放……但这些计划最终都未能实现。

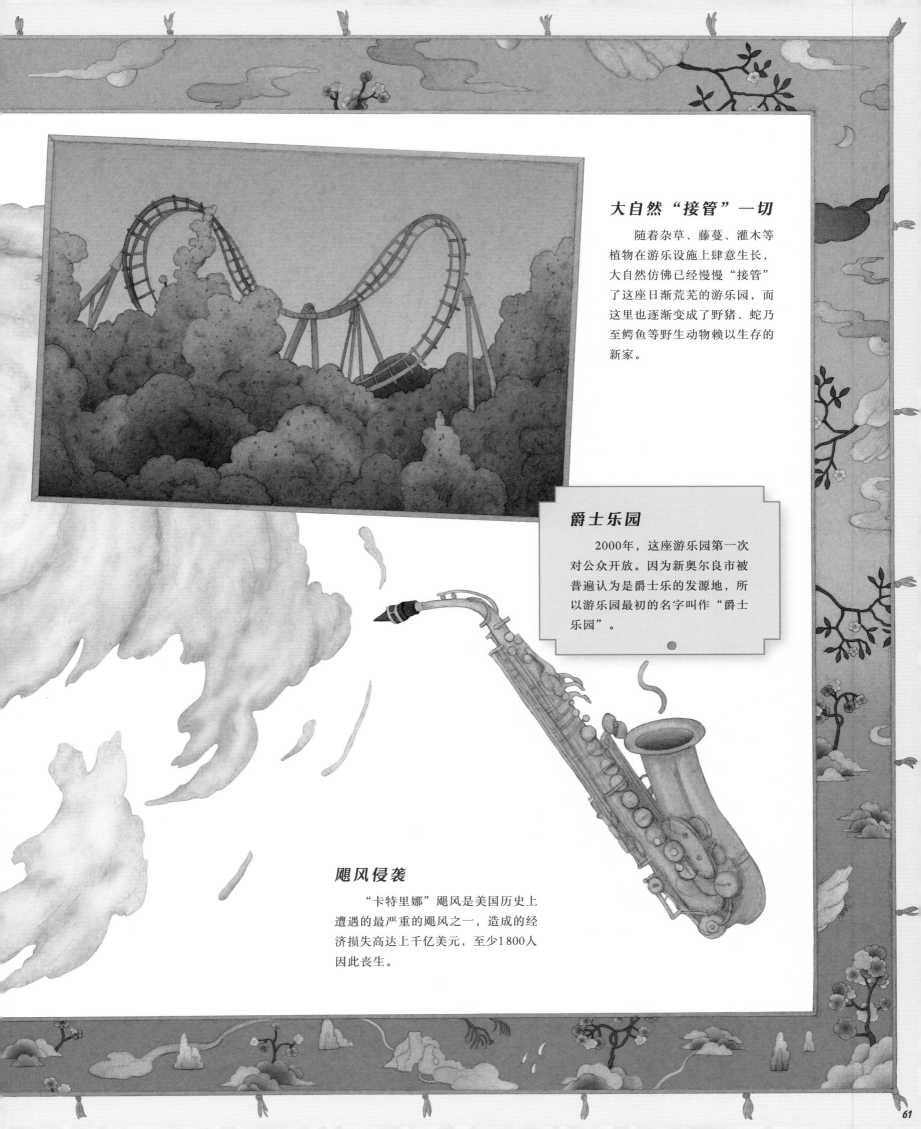

大自然"接管"一切

随着杂草、藤蔓、灌木等植物在游乐设施上肆意生长，大自然仿佛已经慢慢"接管"了这座日渐荒芜的游乐园，而这里也逐渐变成了野猪、蛇乃至鳄鱼等野生动物赖以生存的新家。

爵士乐园

2000年，这座游乐园第一次对公众开放。因为新奥尔良市被普遍认为是爵士乐的发源地，所以游乐园最初的名字叫作"爵士乐园"。

飓风侵袭

"卡特里娜"飓风是美国历史上遭遇的最严重的飓风之一，造成的经济损失高达上千亿美元，至少1800人因此丧生。

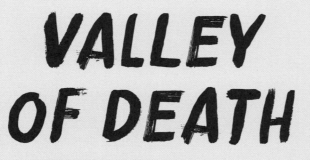

VALLEY OF DEATH

俄罗斯死亡谷

- 俄罗斯，堪察加半岛 -

致命峡谷

仅仅看到"死亡谷"这个吓人的名字，你大概就能猜到这里为什么会严禁游客进入了吧……行走在堪察加半岛偏僻的火山峡谷里，许多背包客起初并不会察觉到什么异样，也不会担忧发生意外，但很快他们就会发现，峡谷的空气中弥漫着无色的有毒气体，这种气体可以毫不费力地杀人于无形之中。当一只动物无意间闯入这片区域并倒地死亡后，尸体所散发的诱人气味会吸引另一只饥饿的食肉动物冲进峡谷，但它还没来得及饱餐一顿，便会跟前面的动物一样倒在地上，再也不会醒来了。熊、狐狸、狼獾、鹰、猞猁……不管是什么野生动物，但凡来到这里，都会稀里糊涂地丢掉性命。

捕猎者和猎物

这座火山峡谷中混合着多种气体，动物的尸体需要很长一段时间才会腐烂。因此，在这段时间内，越来越多的动物会被吸引过来。人们刚刚发现死亡谷的时候，一共找到了200多具鸟类和其他动物的残骸。其中，最常见的是田鼠和鸟类等小型动物，但是就连像熊这样的大型食肉动物也同样无法幸免。

灼热的死亡谷

死亡谷全长2000米，宽100~300米，位于基赫皮内奇火山的山脚下，与间歇泉峡谷只有7000米的距离，而整座间歇泉峡谷共有25个间歇泉（每隔一段时间就会喷发一次的温泉），为本就恐怖的死亡谷平添了几分炙热的气息。

死里逃生

直到1975年，人们才第一次对这座致命峡谷有了较为清晰的了解。当时，俄罗斯火山学家弗拉基米尔·列昂诺夫与同事一起冒险来到漫山遍野都布满动物尸体的死亡谷，进行实地探测和考察。此前，曾有地质学家研究过附近的一个地方，而死亡谷对当时的人们来说只是一个谜一样的传说。令人后怕的是，峡谷的主体部分——"死亡集中地"距离一座徒步旅行者的休息站仅仅300米左右！

看不见的致命毒气

整座峡谷的谷底都弥漫着高浓度的硫化氢、二氧化碳和二硫化碳等气体，任何进入峡谷里的人和动物都很难再活着出来。

一个安全的观景台

那些没有魔毯的人可以站在一个专门为游客建造的安全的观景台上，远眺这座风景秀丽却又阴森凄凉的死亡谷。

警示信号

那些在峡谷附近工作的科学家如果突然出现头晕、头痛、太阳穴灼烧或全身无力等症状，就会立刻撤离。他们通常会快速爬到高处以便获取新鲜空气，这样一来身体很快就能恢复正常。

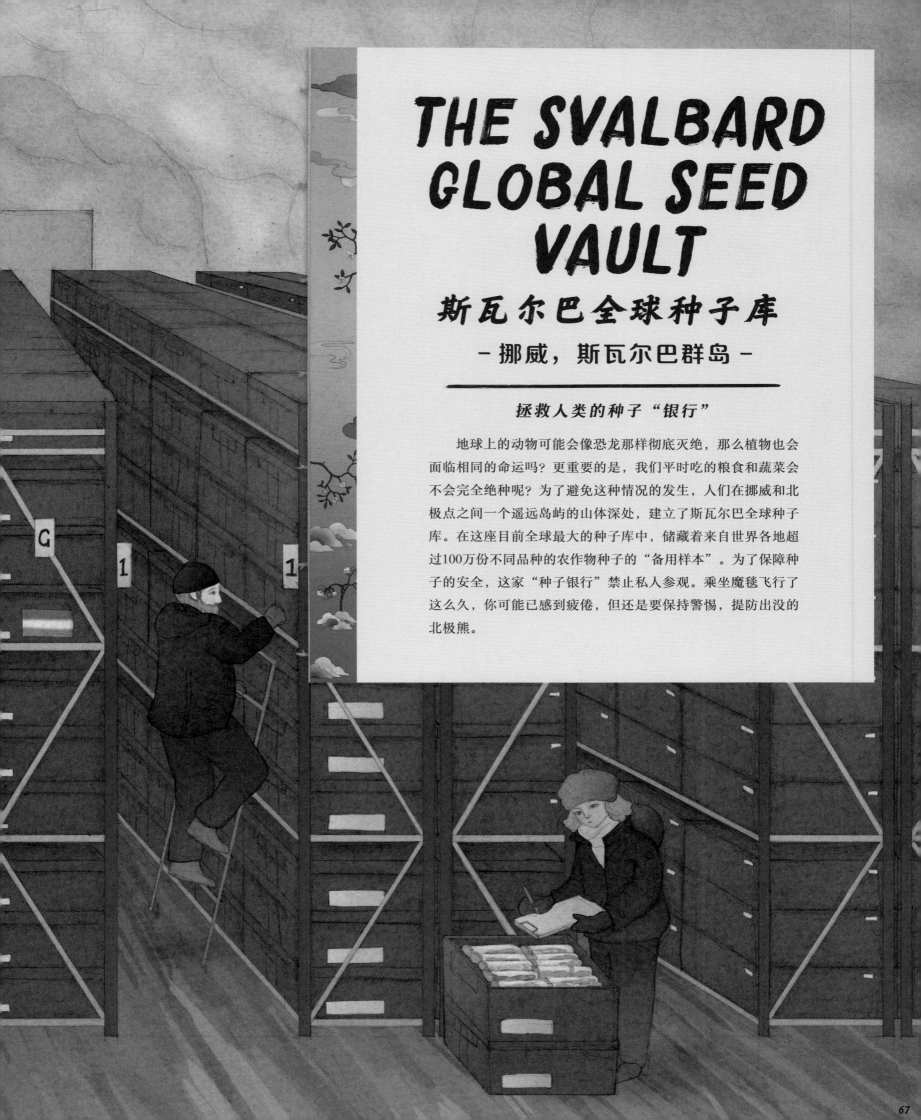

THE SVALBARD GLOBAL SEED VAULT

斯瓦尔巴全球种子库

– 挪威，斯瓦尔巴群岛 –

拯救人类的种子"银行"

地球上的动物可能会像恐龙那样彻底灭绝，那么植物也会面临相同的命运吗？更重要的是，我们平时吃的粮食和蔬菜会不会完全绝种呢？为了避免这种情况的发生，人们在挪威和北极点之间一个遥远岛屿的山体深处，建立了斯瓦尔巴全球种子库。在这座目前全球最大的种子库中，储藏着来自世界各地超过100万份不同品种的农作物种子的"备用样本"。为了保障种子的安全，这家"种子银行"禁止私人参观。乘坐魔毯飞行了这么久，你可能已感到疲倦，但还是要保持警惕，提防出没的北极熊。

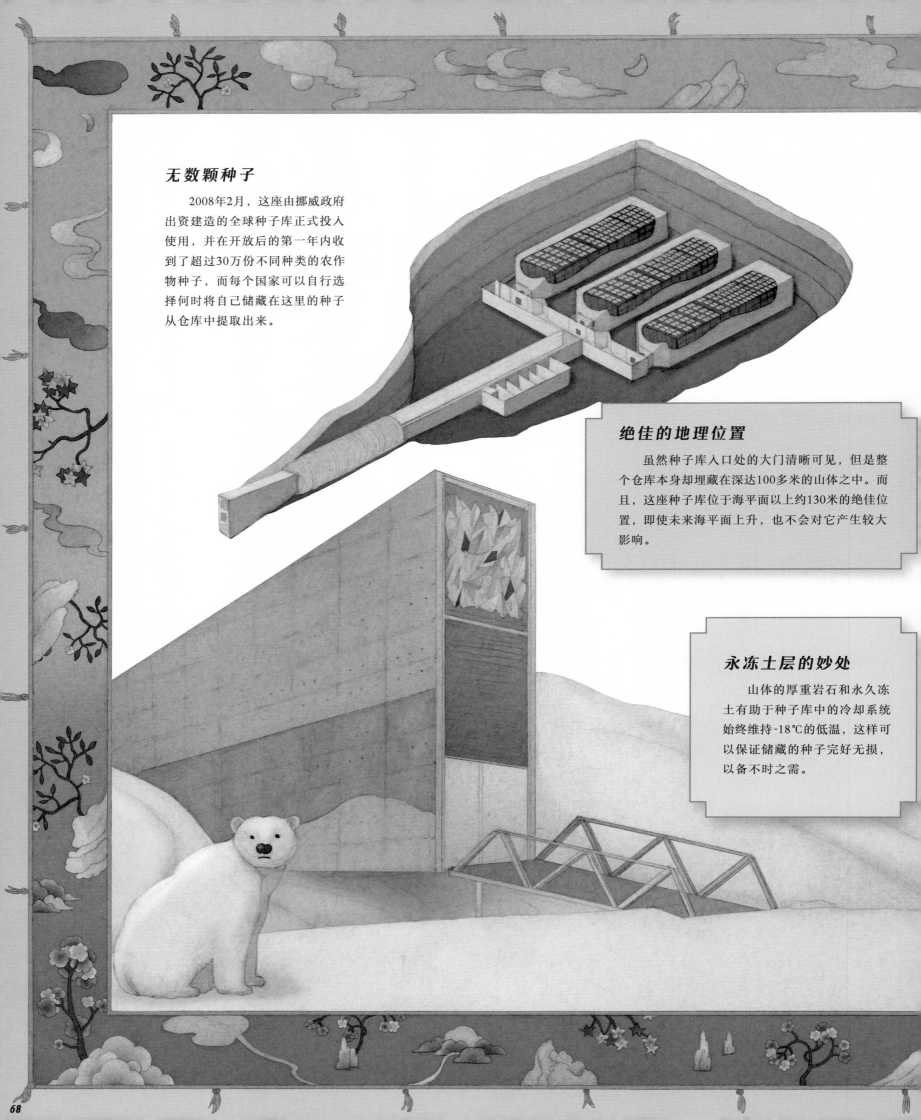

无数颗种子

  2008年2月，这座由挪威政府出资建造的全球种子库正式投入使用，并在开放后的第一年内收到了超过30万份不同种类的农作物种子，而每个国家可以自行选择何时将自己储藏在这里的种子从仓库中提取出来。

绝佳的地理位置

  虽然种子库入口处的大门清晰可见，但是整个仓库本身却埋藏在深达100多米的山体之中。而且，这座种子库位于海平面以上约130米的绝佳位置，即使未来海平面上升，也不会对它产生较大影响。

永冻土层的妙处

  山体的厚重岩石和永久冻土有助于种子库中的冷却系统始终维持-18℃的低温，这样可以保证储藏的种子完好无损，以备不时之需。

农作物的"诺亚方舟"

其实，这样的"种子银行"在全球一共有1700多个，而斯瓦尔巴全球种子库以其独特的地理环境、特殊的设计构造，以及能够抵御各种天灾人祸等意外状况的巨大优势，成为全球所有种子基因库最强大的后盾。

充裕的储藏空间

斯瓦尔巴全球种子库可以储存450万份不同的农作物样本和多达25亿颗种子。目前，这里已储藏了超过100万份来自世界各地不同品种的农作物种子的样本，成为全球最多样化的粮食作物种子的集合地。

遥远的地理位置

人们乘坐商用飞机便可以抵达位于北极圈内的斯瓦尔巴群岛，这里是"种子银行"的所在地。为什么选择建在这里呢？人们希望种子库尽可能距离世界其他地方远一些，再远一些……

THE AMBER ROOM

琥珀宫

- 地点不明 -

"世界第八大奇迹"

　　1716年，普鲁士王国的国王将琥珀宫作为礼物赠送给了俄国的彼得大帝。1755年，沙皇伊丽莎白一世下令将琥珀宫搬运到富丽堂皇的凯瑟琳宫中。琥珀宫整个房间的主体几乎都是用一种晶莹剔透的材料建造而成的，想必你早已猜到了这种材料的名字——琥珀。琥珀宫的总价值高达上亿美元，本该是一个令人叹为观止的旅游胜景，但前提是，你得知道它到底在哪儿……1941年，德国士兵入侵苏联时，将凯瑟琳宫中的琥珀宫洗劫一空，琥珀护壁镶板等内部装潢材料被全部运到德国的一座城市。从此，琥珀宫不知所终，这个被誉为"世界第八大奇迹"的传奇故事也随之结束。如今，琥珀宫究竟在哪里，只剩下许许多多的猜测……要想解开这个谜题，或许我们只需要一张魔毯，外加一份好运。

藏匿无价之宝

在第二次世界大战期间，纳粹分子从世界各地大肆掠夺无价的艺术珍宝，并将它们通通运回了德国。纳粹分子往往会把这些贵重的宝藏藏匿在一般人难以到达的地方，而且不会记录在案。

纳粹的疯狂掠夺

人们普遍认为，第二次世界大战时期，欧洲艺术作品的五分之一被纳粹分子掠夺，其中既有拉斐尔·桑西、约翰内斯·维米尔和米开朗琪罗·博那罗蒂等艺术大师的名作，也不乏文森特·梵高、古斯塔夫·克利姆特和卡米耶·毕沙罗等著名画家的作品。据专家估算，至今大概有10万件艺术品尚未被找回，包括不少水晶制品和银器。

以失败告终的保护计划

在得知纳粹部队即将进军凯瑟琳宫时，苏联的工作人员曾试图用薄纱和假墙纸将华美的琥珀护壁镶板遮盖起来，希望能借此保护琥珀宫逃过纳粹的洗劫。然而，纳粹士兵很快发现了其中的破绽，将整个琥珀宫"拆卸"开来，足足装满了27个箱子，运往当时隶属于德国的柯尼斯堡（今俄罗斯加里宁格勒）。据说，琥珀宫曾在这座城市对外展出了两年的时间。

树脂化石

琥珀实际上是一种透明的生物化石，大多由松柏科树木的树脂形成。有一些琥珀内部会包裹着植物碎屑或昆虫等小动物，如果你看过《侏罗纪公园》，一定不会对琥珀感到陌生。据说，当时为了打造琥珀宫内部富丽堂皇的装饰，比如奢华非凡的护壁镶板等，一共使用了总重量超过6吨的琥珀、黄金和宝石等昂贵材料。

沉没的宝藏？

许多人认为，1944年苏联军队在空袭柯尼斯堡时，意外地摧毁了这些华贵的琥珀护壁镶板；有些人则声称，他们曾看到这些护壁镶板被装载到一艘名为"威廉·古斯特洛夫号"的纳粹邮轮上，而这艘邮轮早已于1945年被苏联海军潜艇击沉。

第二个琥珀宫

1979年，为了再现琥珀宫的昔日风采，苏联不惜花费重金，在圣彼得堡的叶卡捷琳娜宫中开始建造第二个琥珀宫。2003年，新的琥珀宫终于正式对游客开放。

SURTSEY ISLAND

叙尔特塞岛

- 大西洋 -

一个纯净的原始生态系统

本次旅程的最后一站，我们将前往一个人迹罕至的地方——叙尔特塞岛，它距离冰岛南部海岸大约32千米，是一座1963年至1967年间由火山喷发形成的新岛屿。从那时候开始，这座火山岛便被重点保护起来。当地政府明令禁止任何私自登岛的行为，也不允许在周围水域潜水，扰乱动植物的自然秩序，遗留垃圾，或者带来任何新的生物、矿物和土壤。目前，叙尔特塞岛只允许极少数科学家登岛进行实地考察，对科学家来说，这座岛屿简直是大自然赐予人类的原始"天然实验室"。不可思议的是，科学家已经记录了生活在岛上的89种鸟类和335种无脊椎动物的生存状况。当你乘坐魔毯前往本次旅行的终点站时，最好飞得离小岛远一点、高一点——要不然，科学家没准儿会把你当成一个新的物种进行研究呢！

最亲密的"接触"

对普通人来说，在不惹麻烦的前提下，乘坐飞机来到冰岛上空，透过舷窗俯瞰这座神奇的岛屿，就是参观叙尔特塞岛的最好方法啦。

动物的天堂

1970年，即火山停止喷发之后的第三年，很多鸟类开始陆续来到这里栖息，并衔着枝叶四处筑巢。直到2004年，大西洋海雀也开始在岛上筑巢繁衍。如今，叙尔特塞岛已经成为许多野生动物赖以生存的家园，这里既有海豹、海鹦、海鸥、暴风鹱（hù）和海鸠的踪迹，也有蜘蛛、甲虫和蛞蝓（kuò yú）的小小身影。

火之神

叙尔特塞岛的名字来源于北欧神话中强大的火神巨人苏尔特尔。这其实不难理解，因为这座小岛正是由火山喷发而形成的。据说，火山喷发时曾产生了超过9千米高的火山灰柱！

一个科学奇迹

作为"天然实验室",叙尔特塞岛为科学家研究动植物如何在新的土地上诞生和繁衍,提供了丰富多样的观察样本。2008年,因非凡的地质意义和巨大的科学价值,这座火山岛被联合国教科文组织正式列入《世界遗产名录》。

海鸟粪化肥

对叙尔特塞岛来说,海鸟种群的不断扩张至关重要,因为它们的粪便是岛上所有植物赖以生存的主要肥料来源。1965年春天,第一种维管植物在这座小岛上发芽了。1967年,苔藓植物首次在这里出现。1970年,地衣植物也随之茁壮成长。在这座岛屿形成后的前20年间,岛上的植物种类已经达到了20种。

岛屿
或将逐渐消失

从1963年11月到1967年6月,持续喷发的海底火山逐渐形成了叙尔特塞岛。然而随着海水不断侵蚀海岸,这座岛屿的面积已经缩小了一半。据专家预测,如果海岸遭受侵蚀的速度无法减缓,那么剩余岛屿的三分之二也将被海水"吞噬"。

著作权合同登记号：陕版出图字25-2021-061

Text © 2020 Patrick Makin
Illustrations © 2020 Whooli Chen
First Published by Magic Cat Publishing, an imprint of Lucky Cat Publishing Ltd, Unit 2
Empress Works, 24 Grove Passage, London E2 9FQ.

图书在版编目（CIP）数据

魔毯奇遇记：探访地球上19处神秘之地 ／（英）帕
特里克·梅金文；陈狐狸图；张木天译. — 西安：未
来出版社，2022.11
书名原文：THE MAGIC CARPET'S GUIDE TO
EARTH'S FORBIDDEN PLACES
ISBN 978-7-5417-7351-8

Ⅰ. ①魔… Ⅱ. ①帕… ②陈… ③张… Ⅲ. ①地球—
青少年读物 Ⅳ. ①P183-49

中国版本图书馆CIP数据核字(2022)第137312号

魔毯奇遇记 探访地球上19处神秘之地
Motan Qiyu Ji Tanfang Diqiu Shang 19 Chu Shenmi zhi Di

〔英〕帕特里克·梅金 文 陈狐狸 图 张木天 译

图书策划 孙肇志   **责任编辑** 周 楠
封面设计 时秦睿   **特约编辑** 田睿琼
美术编辑 杨佩佩
出版发行 未来出版社
地址 西安市雁塔区登高路1388号（邮编 710061）
开本 889 mm×1 194 mm 1/10 **印张** 9
字数 45千字
印刷 鹤山雅图仕印刷有限公司
版次 2022年11月第1版 **印次** 2022年11月第1次印刷
书号 ISBN 978-7-5417-7351-8
审图号 GS（2021）8459号
定价 128.00元

出品策划 荣信教育文化产业发展股份有限公司
网址 www.lelequ.com   **电话** 400-848-8788
乐乐趣品牌归荣信教育文化产业发展股份有限公司独家拥有